Sitzungsberichte
der Heidelberger Akademie der Wissenschaften
Stiftung Heinrich Lanz
Mathematisch-naturwissenschaftliche Klasse
Abteilung A.
Jahrgang 1925. 3. Abhandlung.

Neuer Beweis für die Zuordnung von rechtwinkligem Dreieck und Spitzeck in der hyperbolischen Elementargeometrie

Von

Kuno Fladt
in Vaihingen a. d. F.

Eingegangen am 2. März 1925.
Vorgelegt von Heinrich Liebmann in Heidelberg.

(Mit einer Figur.)

Berlin und Leipzig 1925
Walter de Gruyter & Co.
vormals G. J. Göschen'sche Verlagshandlung / J. Guttentag, Verlagsbuchhandlung / Georg Reimer / Karl J. Trübner / Veit & Comp.

Neuer Beweis für die Zuordnung von rechtwinkligem Dreieck und Spitzeck in der hyperbolischen Elementargeometrie.

In den Sitzungsberichten der Berliner Math. Ges. 8. Jahrgang 1909, S. 21 hat O. Pund eine Herleitung der Parallelenkonstruktion der nichteuklidischen (hyperbolischen) Geometrie gegeben, die nur die ebenen Axiome der drei ersten Hilbertschen Axiomgruppen und das nichteuklidische Parallelenpostulat benützt, also gerade den Forderungen genügt, die sich auch Herr Liebmann bei seiner Begründung der hyperbolischen Elementargeometrie stellte. Als weitaus fruchtbarste Tatsache hat Liebmann die Zuordnung zwischen rechtwinkligen Dreiecken und Spitzecken (Vierecken mit drei rechten Winkeln), von ihm auf ebene Kongruenzsätze gestellt, für den Aufbau der Geometrie ausgenützt und später die Parallelenkonstruktion auch auf anderem Wege, nämlich mit Hilfe des Hjelmslevschen Mittelliniensatzes elementargeometrisch erwiesen.[1])

Hier soll gezeigt werden, daß aus der Pundschen Figur die Zuordnung

$$\text{rechtwinkliges Dreieck} \rightarrow \text{Spitzeck}$$

abgeleitet werden kann und daß durch einen kleinen Zusatz die Pundsche Parallelenkonstruktion in die klassische Bolyai-Engelsche übergeführt werden kann. Der Einfachheit halber gebe ich die ganze Entwickelung von Pund aber in der für unsere Zwecke geeigneten Fassung.

Es sei $PQ \perp Q\Omega$, $P\Omega \parallel Q\Omega$, $PZ \perp PQ$. Von einem Punkt S von PZ aus fällen wir die Lote SA auf $P\Omega$ und SB auf $Q\Omega$. Wir ziehen ferner $S\Omega' \parallel BQ$ und denken uns auf SB die zum $\sphericalangle PSB = \beta$ gehörige Paralleldistanz $SC = \Delta(\beta) = b$ abgetragen, endlich in C auf SC die Senkrechte $CZ' \parallel SP$ errichtet. Endlich sei

$$QZ \parallel PZ, \quad S\Omega \parallel P\Omega \parallel Q\Omega, \quad S\Theta \parallel AP\Theta$$

und

$$P\Omega' \parallel S\Omega' \parallel BQ\Omega'.$$

---

1) Vgl. den Artikel III AB 9 der Mathematischen Encyklopädie (M. Zacharias, Elementargeometrie) Nr. 31, insbesondere Seite 1157.

Das Erste, was wir feststellen ist, daß die Schnittpunkte R von $S\Omega'$ und CZ' sowie T von QZ und SB existieren (eigentliche Punkte sind). Für R folgt dies so: Die — in der Figur nicht eingetragene — Parallele $C\Omega'$ zu $B\Omega'$ bildet mit CS einen stumpfen Winkel, also müssen CZ' und $S\Omega'$ einander schneiden.

Unser Endziel ist nun, zu beweisen, daß die rechtwinkligen Dreiecke SPA, SRC und TQB einander kongruent sind.

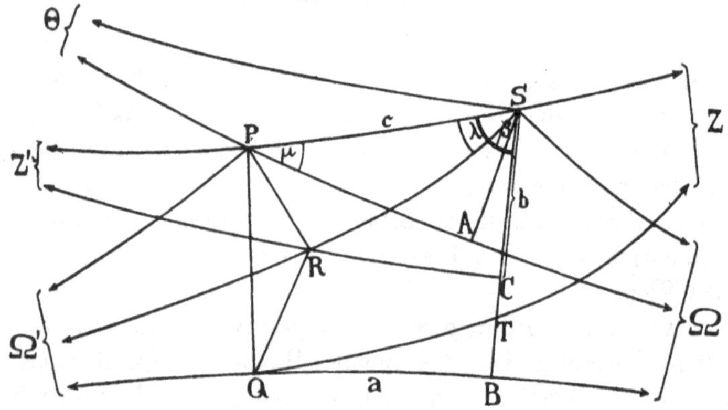

Wir erhalten der Reihe nach:

SA ist Achse (Halbierungslinie) des Winkels $\Theta S\Omega$, also

$$\sphericalangle\, \Theta SA = \sphericalangle\, \Omega SA = \varepsilon$$

SB ist Achse des Winkels $\Omega' S\Omega$, also

$$\sphericalangle\, RSC = \sphericalangle\, \Omega SC = \zeta.$$

Da $S\Theta \parallel P\Theta$, $S\Omega' \parallel P\Omega'$ und PS Achse von $\sphericalangle\, \Theta P\Omega'$ ist, so ist PS auch Achse von dem Winkel $\Theta S\Omega'$, also

$$\sphericalangle\, \Theta SP = \sphericalangle\, RSP = \delta.$$

Also ist

$$2\delta + 2\zeta = 2\varepsilon$$

und $$\varepsilon - \delta = \zeta.$$

Es ist aber

$$\varepsilon - \delta = \lambda = \Pi(l),$$

d. h. gleich dem Parallelwinkel, der zum Lote

$$SB = l$$

gehört, also

$$(1) \qquad \sphericalangle\, PSA = \sphericalangle\, RSC = \lambda.$$

Außerdem ist

$$\delta + \zeta = \Pi(b) = \beta,$$

also

$$(2) \qquad \sphericalangle\, \Theta SA = \sphericalangle\, Z'SC = \beta.$$

Daraus folgt aber, weil zu gleichen Parallelwinkeln gleiche Lote gehören,

(3) $$SA = SC = \Delta(\beta) = b.$$

Daher sind die beiden Dreiecke SPA und SRC einander kongruent und

(4) $$PS = RS = c,$$

(5) $$PA = RC = a.$$

Daraus folgt nun weiter, daß die Mittelsenkrechte von PR durch S geht und auf der gemeinsamen Parallele von SZ' und $S\Omega'$ — der Verbindungslinie der „Enden" Z' und Ω' — senkrecht steht. Auf dieser Geraden $Z'\Omega'$ steht aber auch die Mittelsenkrechte von PQ senkrecht, daher auch die Mittelsenkrechte von RQ; PQR ist ein Dreieck, dessen Umkreis in eine Abstandslinie ausartet. Diese dritte Mittelsenkrechte muß dann BC halbieren und auf BC senkrecht stehen weil RZ' und $Q\Omega'$ zu ihr symmetrisch liegen. Es ist also

(5') $$RC = QB = a.$$

Beachtet man noch

(6) $$\sphericalangle TQB = \sphericalangle SPA = \sphericalangle SRC = \mu$$

— die erste Gleichung folgt aus der Konstruktion von T (auf QZ) und A (auf $P\Omega$), die zweite aus der bereits erwiesenen Kongruenz von den Dreiecken PSA und RSC — so ist nunmehr die Kongruenz

$$\Delta\, TQB \cong \Delta\, SRC \cong \Delta\, SPA$$

festgestellt, also

(4') $$PS = RS = QT = c,$$

(5'') $$PA = RC = QB = a,$$

(3') $$SA = SC = PB = b,$$

und man hat noch zu beachten

(7) $$PQ = \Delta\left(\frac{\pi}{2} - \mu\right) = m'$$

(8) $$SB = \Delta(\lambda) = l.$$

Damit ist die Zuordnung des rechtwinkligen Dreiecks

$$QTB$$

mit den Bestimmungsstücken

$$QT = c,\ TB = b,\ BQ = a$$
$$\sphericalangle TQB = \mu \quad \sphericalangle QTB = \lambda$$

und des Spitzecks

$$PSBQ$$

mit den Bestimmungsstücken

$$PS = c,\ SB = l,\ QB = a,\ PQ = m'$$

und dem Winkel

$$\sphericalangle PSB = \beta$$

festgestellt.

Pund beschränkt sich a. a. O. auf den Nachweis der Gleichheit von PA und QB und leitet daraus folgende Konstruktion ab: Die Kreise mit dem Mittelpunkt S und dem Radius $SP = c$, und dem Mittelpunkt P und dem Radius $2\,QB = 2\,a$ schneiden einander in einem Punkt U auf der Parallelen $P\Omega$ zu $Q\Omega$ (U ist das Spiegelbild von P an SA).

Zum Schluß sei noch bemerkt, daß BA auf PS senkrecht steht, was man auch aus der Pundschen Konstruktion allein folgern könnte.

FSC
www.fsc.org
MIX
Papier | Fördert gute Waldnutzung
FSC® C083411

Zeitfracht Medien GmbH
Ferdinand-Jühlke-Straße 7
99095 Erfurt, Deutschland
produktsicherheit@kolibri360.de